THIS BOOK BELONGS TO:

_ _ _ _ _ _ _ _ _ _ _ _

SUN

SUN

- The Sun is a star found at the **center** of the **Solar System**.

- It makes up around **99.86%** of the Solar System's mass.

- At around 1,392,000 kilometres (865,000 miles) wide, the Sun's diameter is about **110 times wider than Earth's.**

- Light from the Sun reaches Earth in around **8 minutes**.

MERCURY

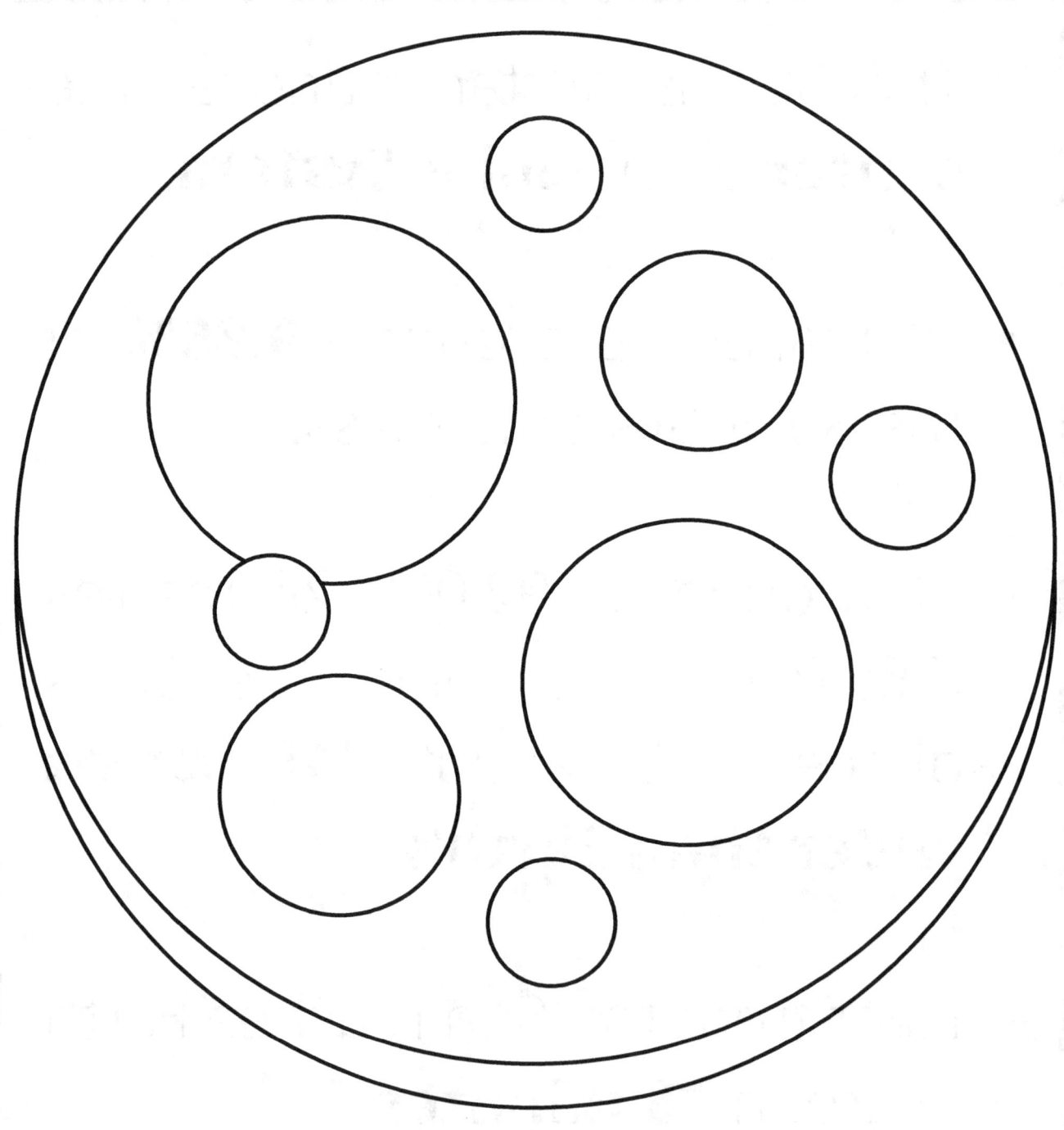

MERCURY

- Mercury is **the closest planet** to the Sun at a distance of 57 million kilometers / 35 million miles.

- Out of all the terrestrial planets, Mercury is **the smallest**.

- It is also the smallest planet in the **Solar System**.

- A year on Mercury is just **88** days long.

VENUS

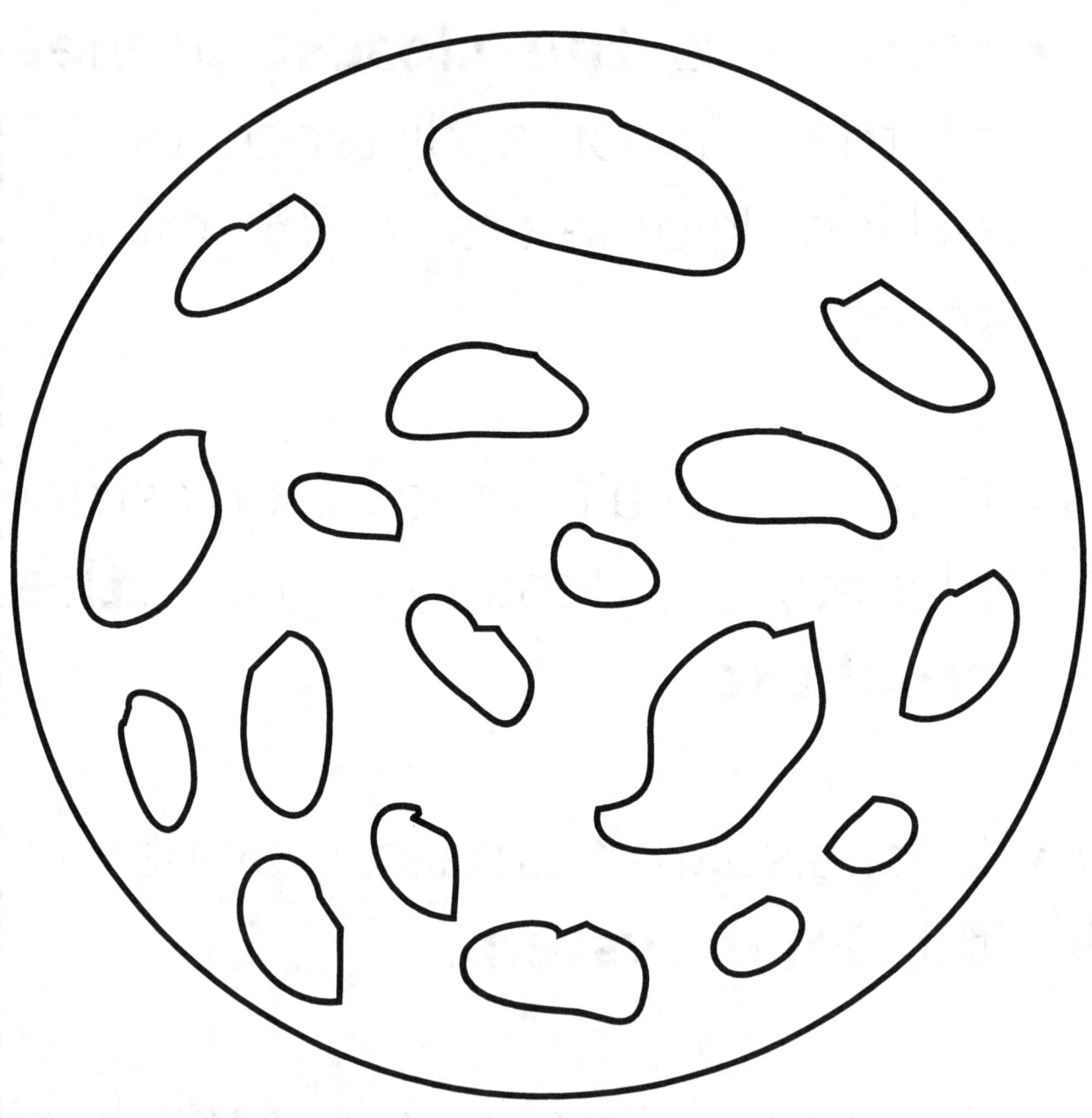

VENUS

- Venus is **the slowest** rotating planet, and rotates backwards.

- Venus is **the hottest** planet in the solar system and can reach an amazing 900 degrees.

- Venus orbits the sun in 225 days, which means 1 Earth year on Venus is **225 days**.

- Venus is the second **brightest** natural object in the sky.

EARTH

EARTH

- Earth is the **third** planet from the sun in our solar system.

- Like all the planets, Earth orbits (travels around) around the sun. And it does so at some serious speed -- around 30 kilometres per second, in fact! **It takes 365 days (one year)** for the Earth to complete one full orbit.

- Oceans cover most of the Earth's surface, but did you know that we've only discovered **10%** of it?

MARS

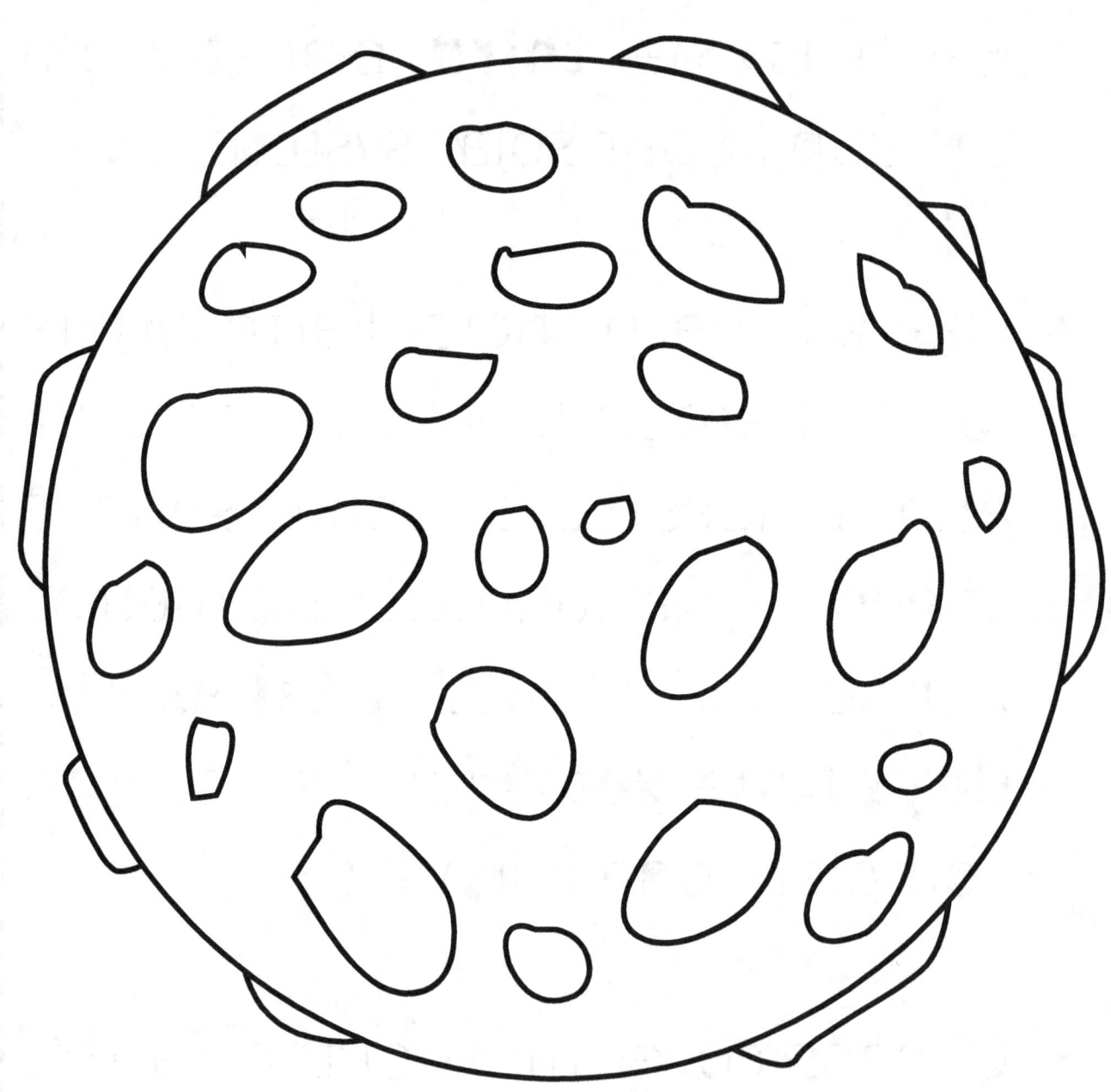

MARS

- The planet is **red** because of a mineral called iron oxide that's very common on its surface.

- Mars is a **terrestrial** planet – it's rocky with craters and mountains.

- It's named after the **Roman** god of war.

- The Martian gravity is only a third that of the Earth's. This means you could leap nearly **three times higher** on Mars.

JUPITER

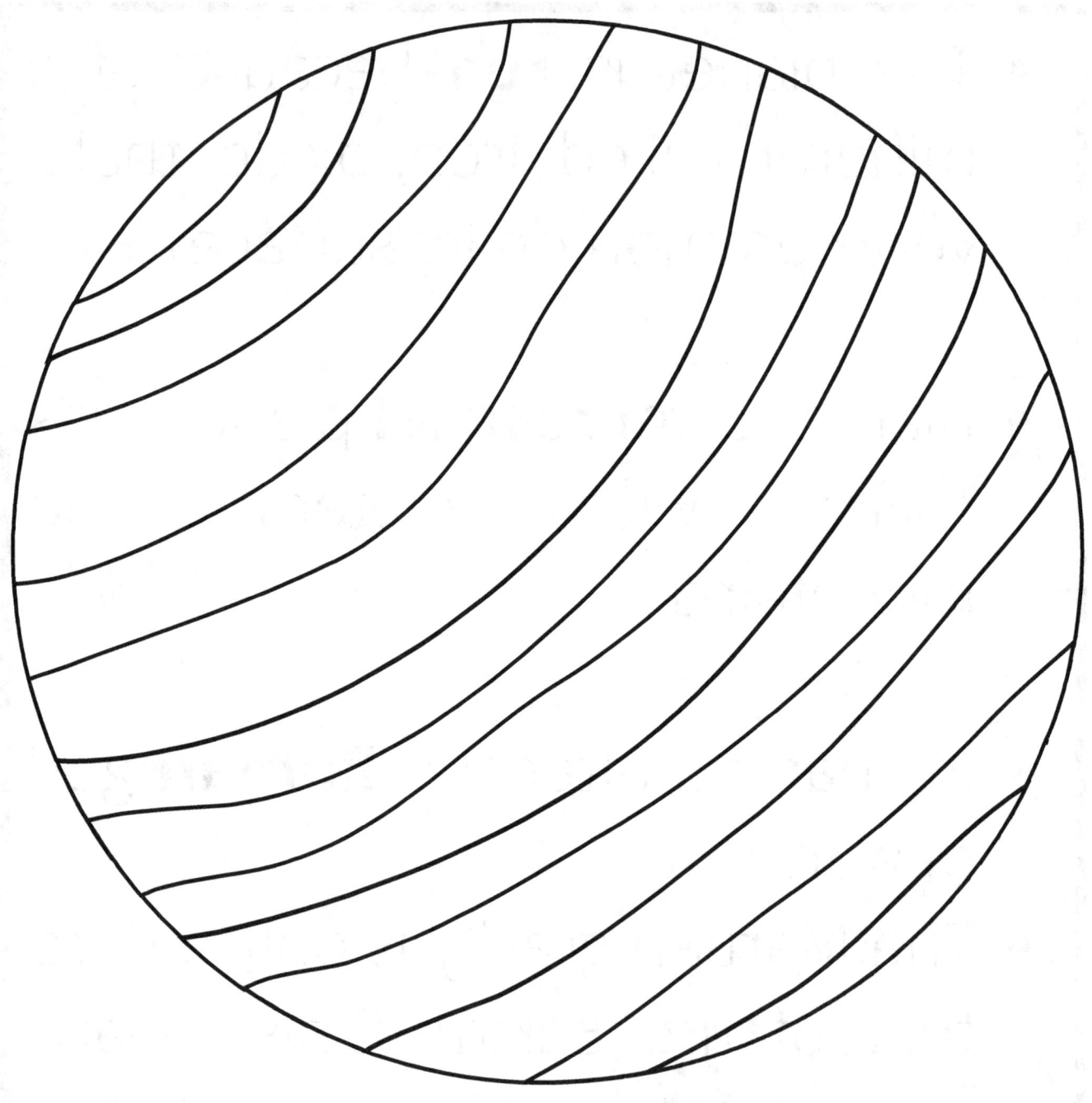

JUPITER

- Jupiter is a **gas giant**.

- Jupiter has **67** moons

- Jupiter's magnetic field Is **14 times stronger** than Earth's

- Jupiter is the largest planet in the solar system and is the **fifth** planet out from the Sun

SATURN

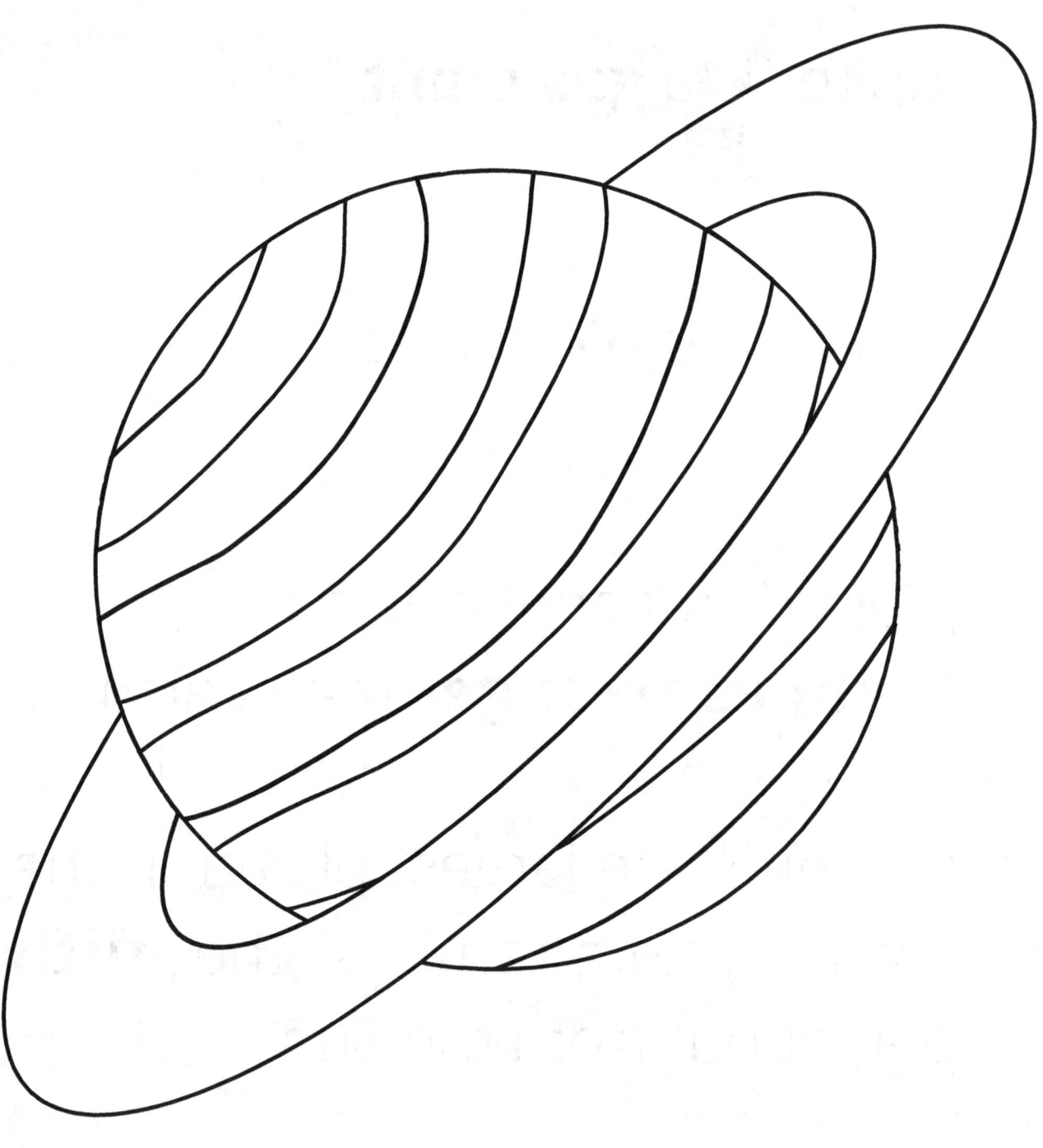

SATURN

- It is the **second-largest** planet in the Solar System after Jupiter.

- Saturn has **62** moons.

- Saturn is a **flattened** ball.

- The surface area of Saturn is **83** times greater than Earth.

URANUS

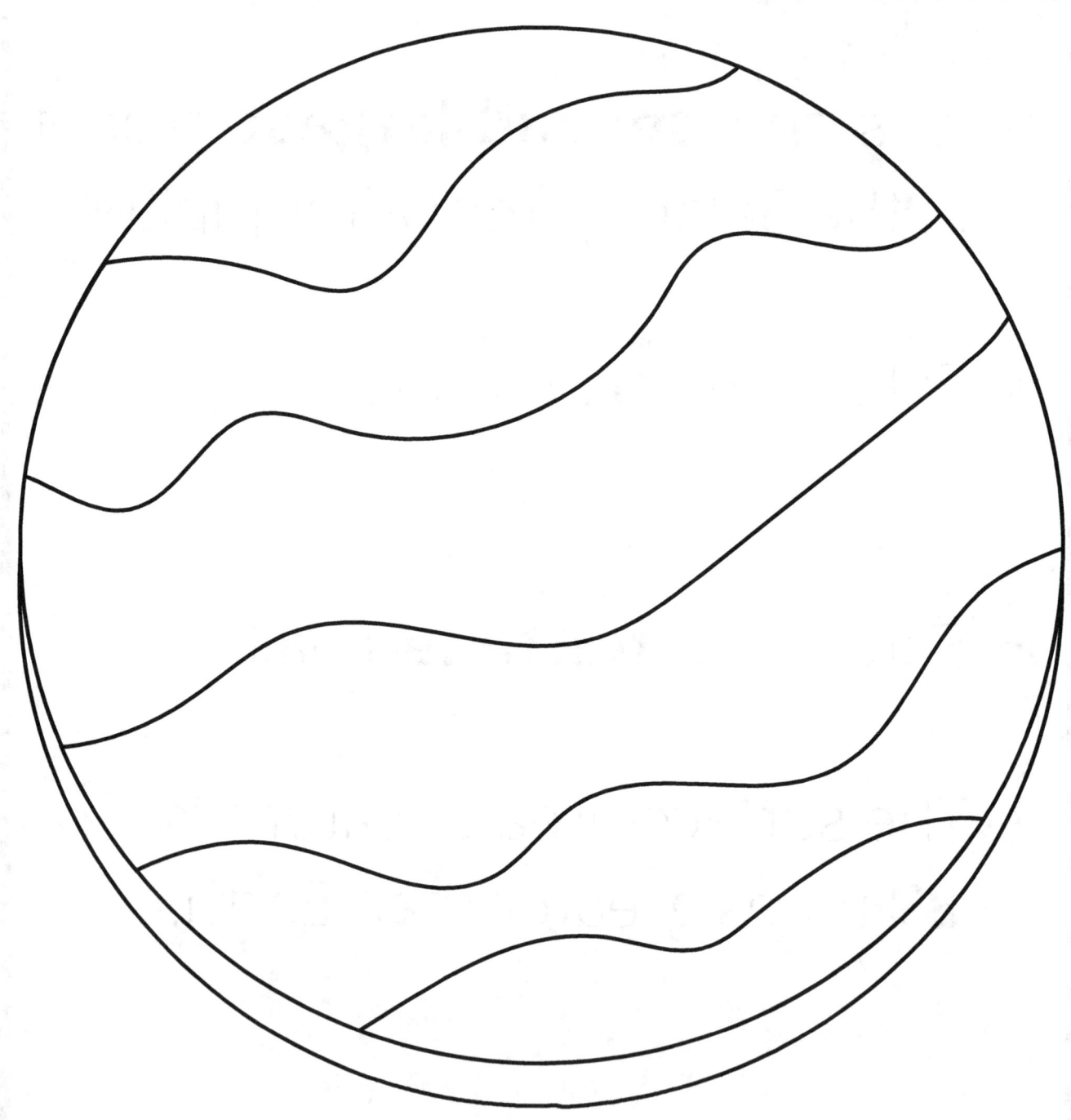

URANUS

- Uranus is the seventh planet from the Sun, and the **third-largest** planet in the Solar System It is the biggest of the ice giants.

- Uranus makes one trip around the Sun every **84** Earth years.

- Uranus hits **the coldest** temperatures of any planet

- Uranus was officially discovered by Sir William Herschel in **1781**.

NEPTUNE

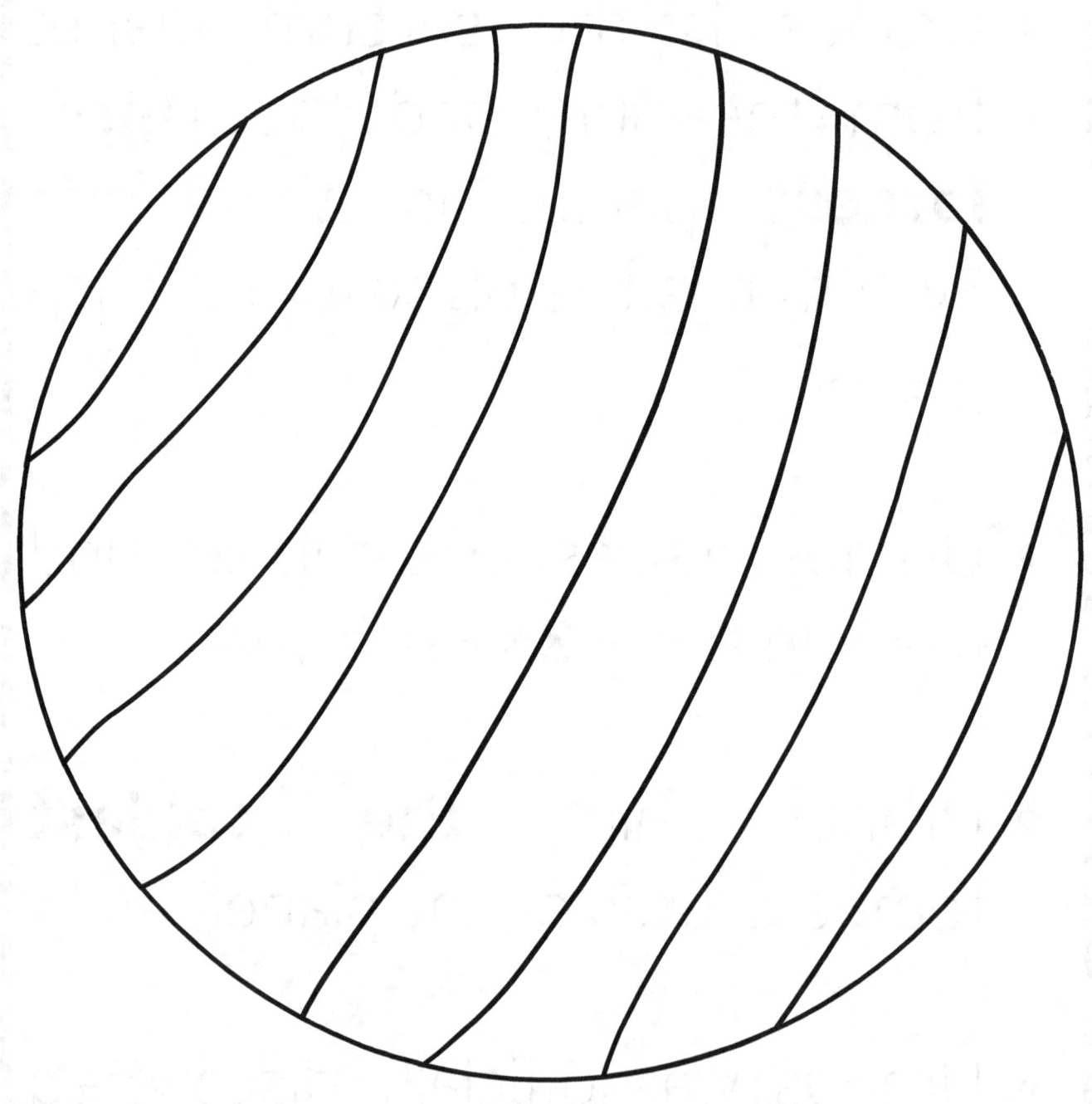

NEPTUNE

- Neptune is the **farthest** planet from the Sun

- Neptune is the **fourth-largest** planet in the Solar System and the **smallest** of the gas giants.

- A year on Neptune lasts **165** Earth years.

- Neptune is named after the Roman god of the **sea.**

COLORING SECTION

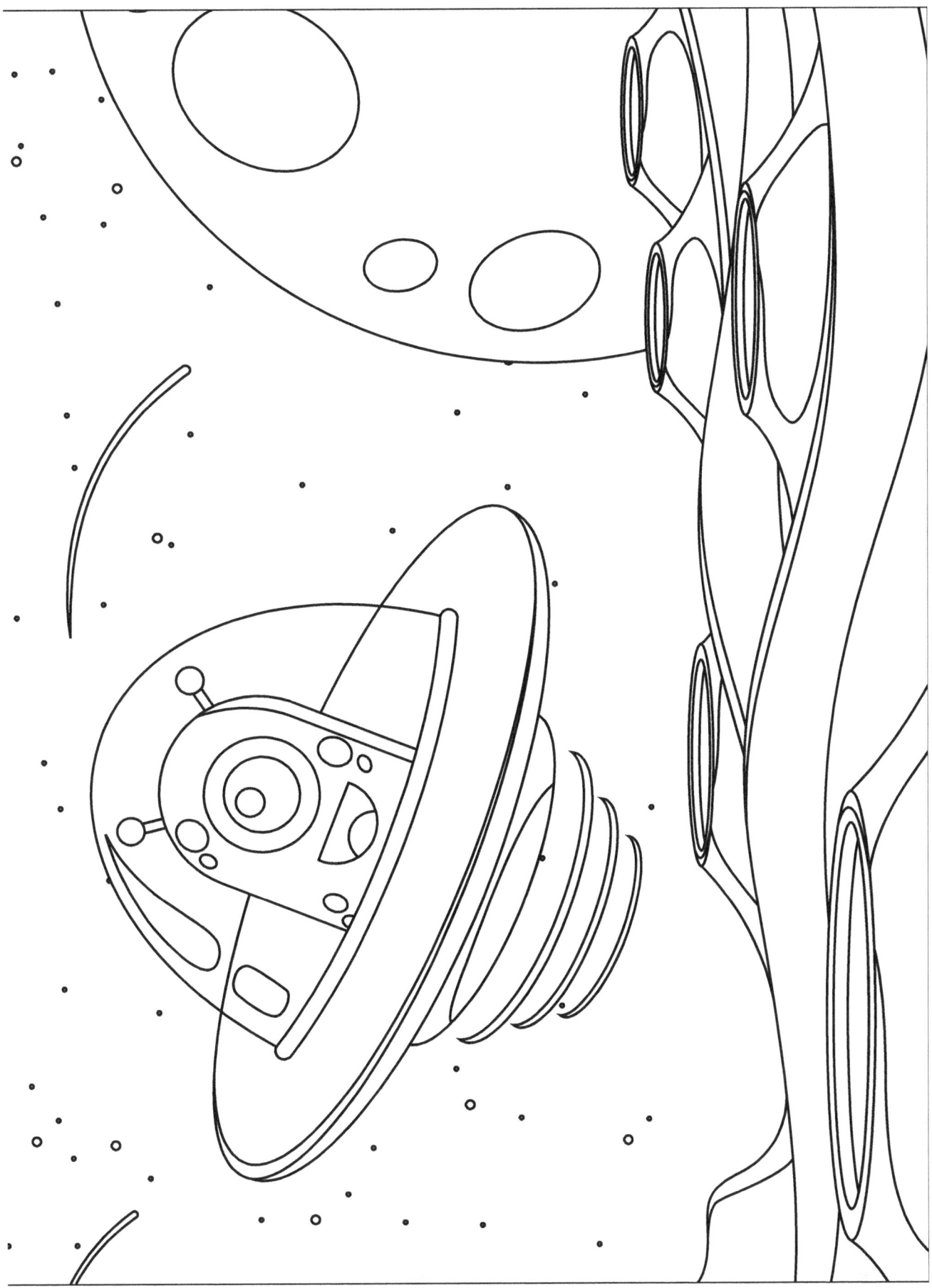

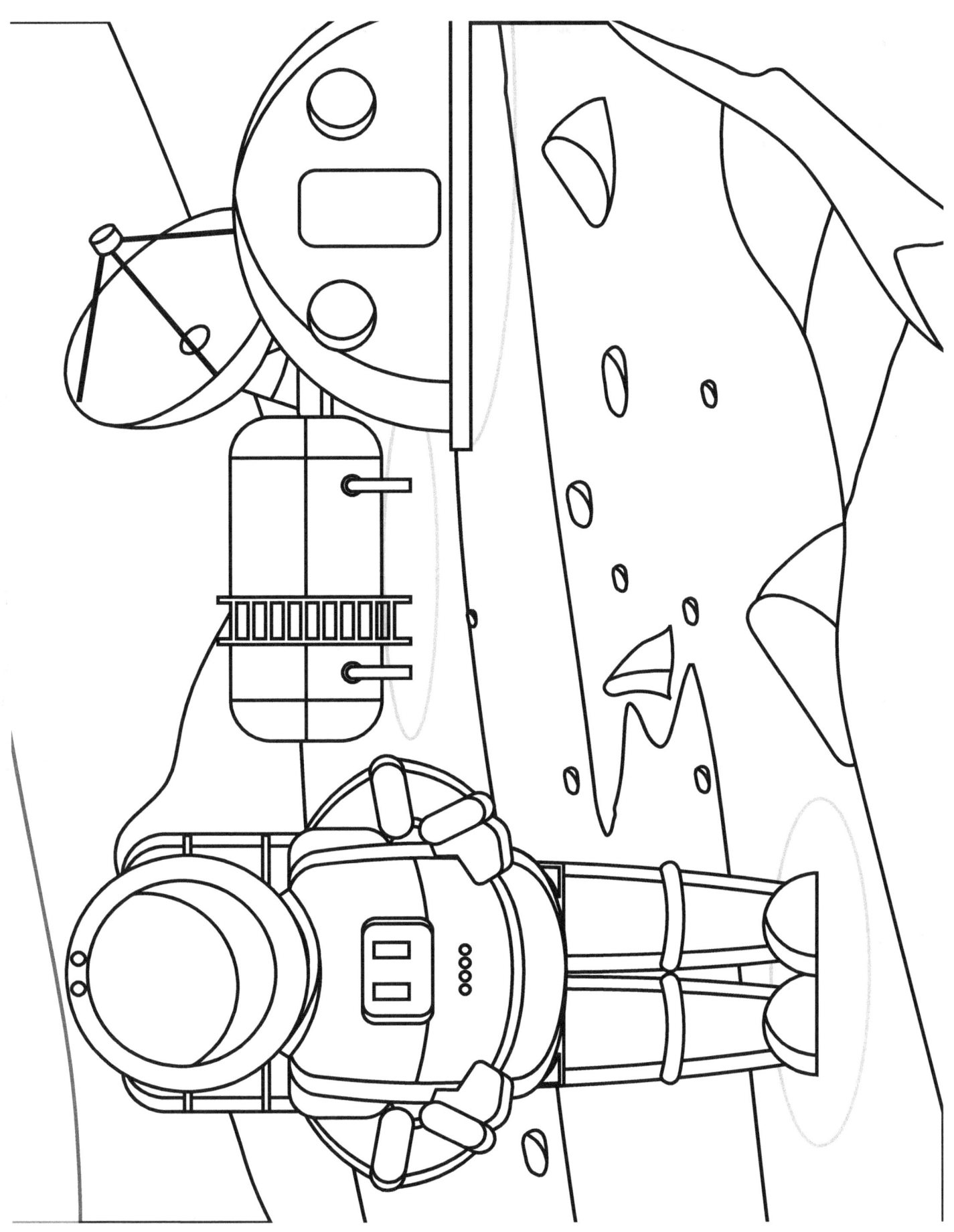

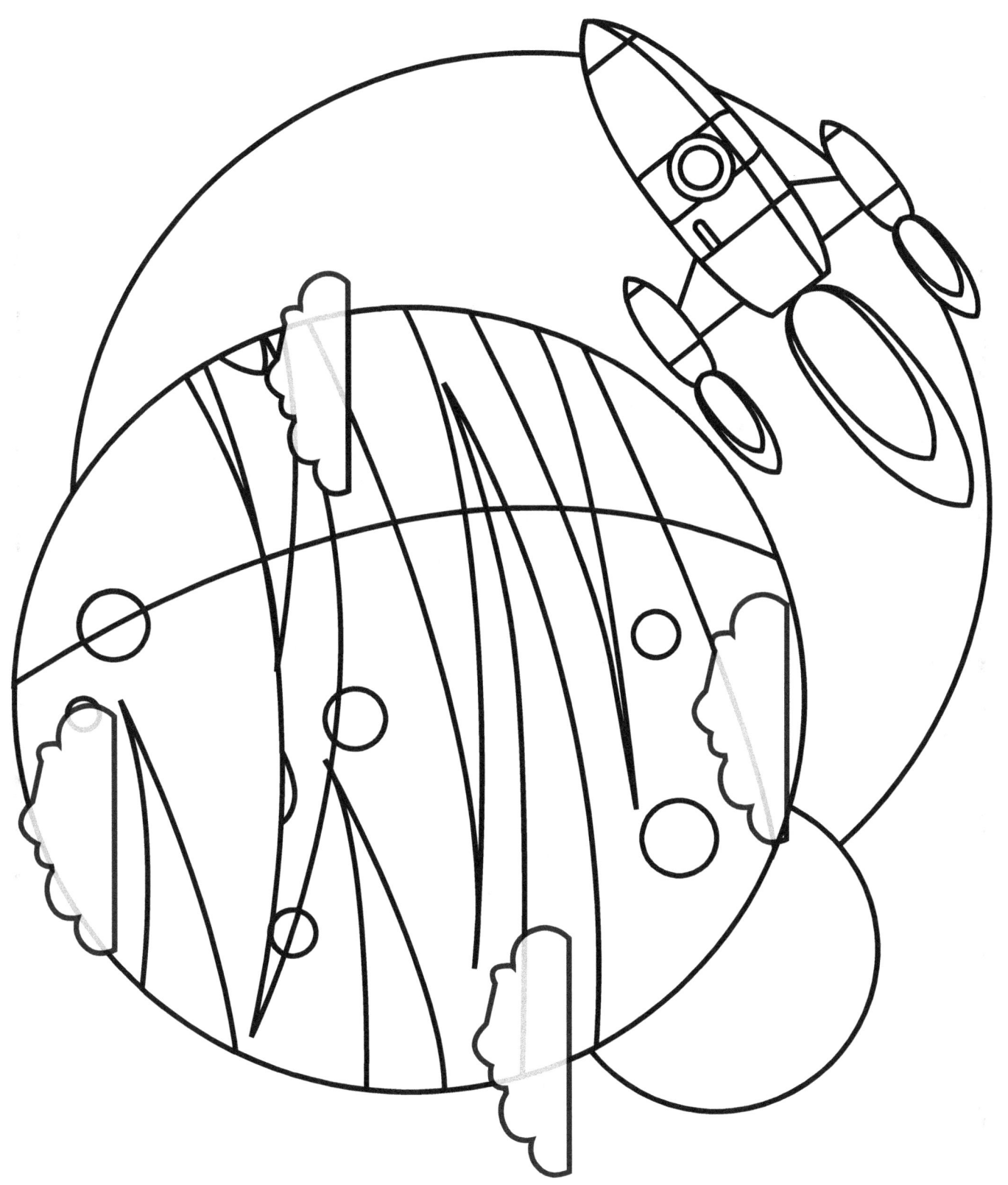

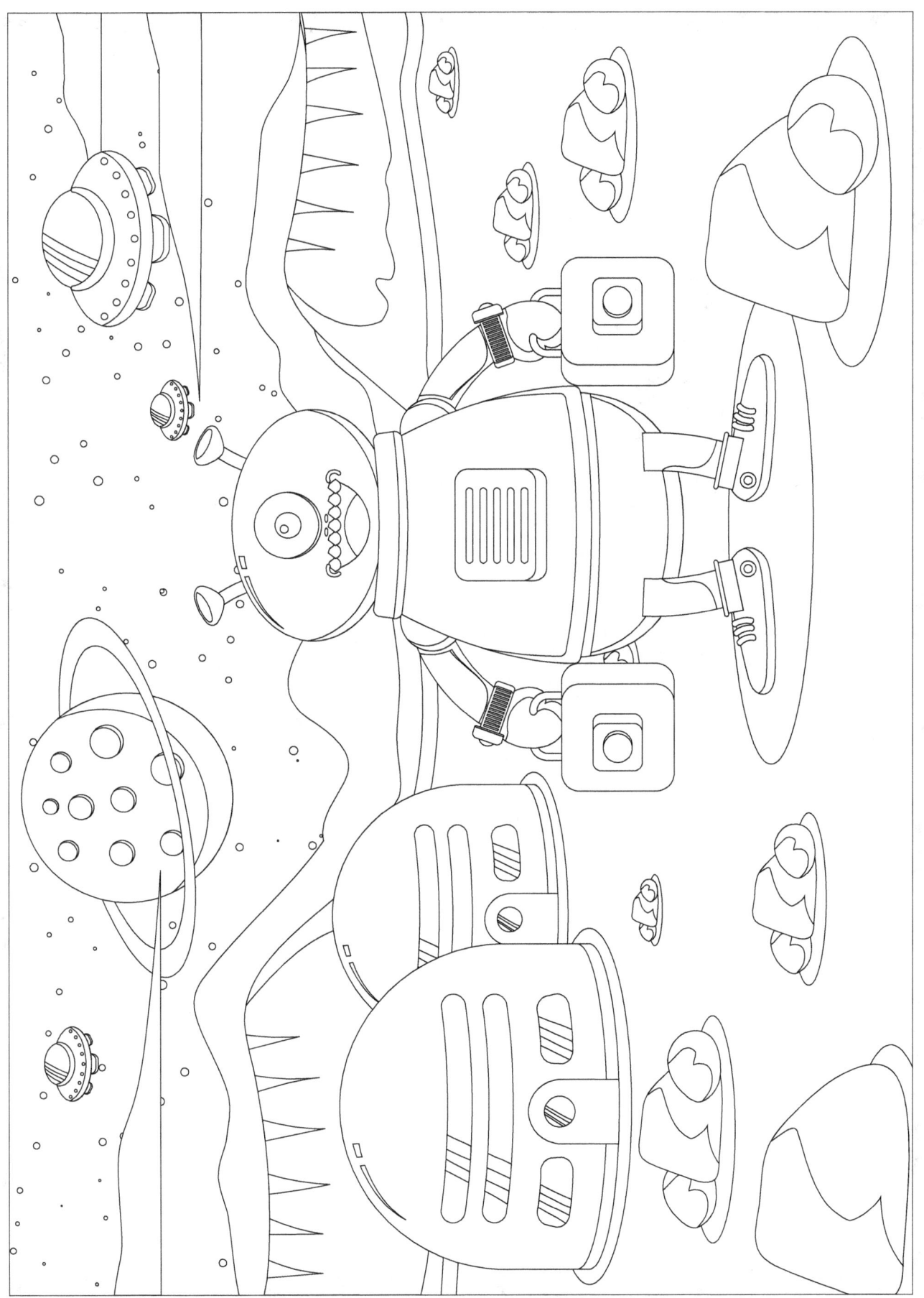

FIND WORDS SECTION

FIND WORDS

```
P V C S W L K X R G
J P S M E R C U R Y
X Q C E L S L L S W
G S Q A V O A F C M
A S T R O N A U T S
E T S T X Z J I A E
E K S H C O S M O S
C T F L E E G D W X
M T P K B B W J S P
U R C O M E T L Y E
```

Astronaut

Comet

Earth

Mercury

Cosmos

FIND WORDS

```
N W F N L Q M Q K M
J U K O Z S L D F C
A C O R K T U J M L
R E V B C A W A M T
O N W I Z R A S S K
C W R T F R H D P E
K G R A V I T Y A G
E S Z X C W O M C O
T C B W A Z L R E O
N M W B W C L C M S
```

Star

Orbit

Space

Rocket

Gravity

FIND WORDS

```
T E L E S C O P E W
Y X S Z S P J Q H T
P A U K H D B N N H
F Y N Y L G L J J P
L U N I V E R S E K
S W Q A S S J G Q U
V K B P R I N G S Z
Y T Y P K V M E O N
B Z M Y M Q O J G U
E X W Z A R P U U X
```

Rings

Sun

Universe

Sky

Telescope

FIND WORDS

```
Y C U Z E E Y J D V
B D O C C G J N W X
O U D W L M C U X S
G S N L I X R C Q I
H T A W P D A Y F Z
Q R L O S I T W L U
W S L A E Q E U X Z
F D L E F C R S Q N
M B E T H C J D N F
S A T U R N F C O O
```

Eclipse

Dust

Day

Crater

Saturn

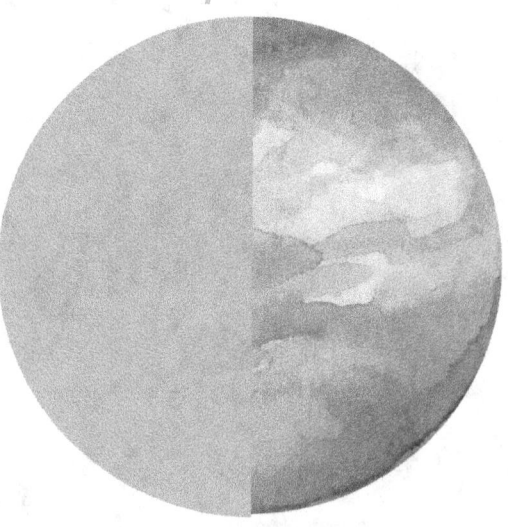

FIND WORDS

```
H S D V C D Z E V Z
L E U R A N U S U B
I X F P H K Y X B G
U C A S L F L K V N
B L A C K   H O L E
U S A T E L L I T E
S T A R L I G H T X
Z O D I A C O U O C
E J A W M T S L J N
U B Z P W J R X B A
```

Black Hole

Uranus

Starlight

Zodiac

Satellite

FIND WORDS

S	A	T	U	R	N	M	A	R	S	
S	E	B	O	W	E	N	F	X	Z	
B	Q	F	M	H	L	T	W	G	E	
Z	D	U	A	G	Q	J	O	K	D	
K	N	N	N	E	P	T	U	N	E	
V	L	P	U	G	A	W	Y	Q	C	
O	O	L	J	U	P	I	T	E	R	
V	E	N	U	S	E	L	Y	K	D	
S	C	X	S	O	J	B	I	F	V	
Z	U	U	P	O	D	J	B	S	R	

Neptune

Saturn

Jupiter

Mars

Venus

FIND WORDS

```
A M U U C H V S N B
G M I O G M O O N E
G E E L P M W R N D
A M C T K J V F G K
L G Q L E Y I K Y F
A R M E I O P Q S
X B Q D I P R W H D
Y U T H Z K T O A A
K H C C C U F I I Y
P N S A F J D D C D
```

Galaxy

Ecliptic

Meteoroid

Milky Way

Moon

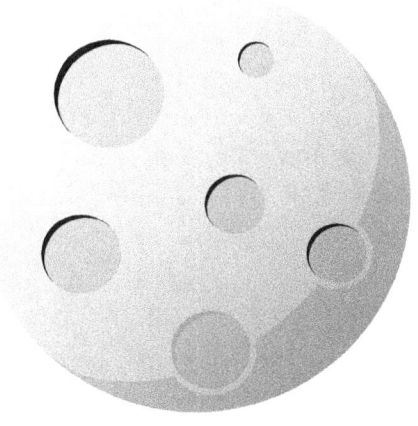

FIND WORDS

```
I A L I E N H I Z L
B I S O U F O P Z I
G M X T K N P L I M
A A P Z A W N A A E
T I L G P R H N Y Y
S F Z D Q Y J E H A
Y G Q G S E R T C B
G H I J L U Z G H Z
C S S Z O Z R I Q F
W B U N I V E R S E
```

Ufo

Alien

Planet

Star

Universe

MAZE SECTION

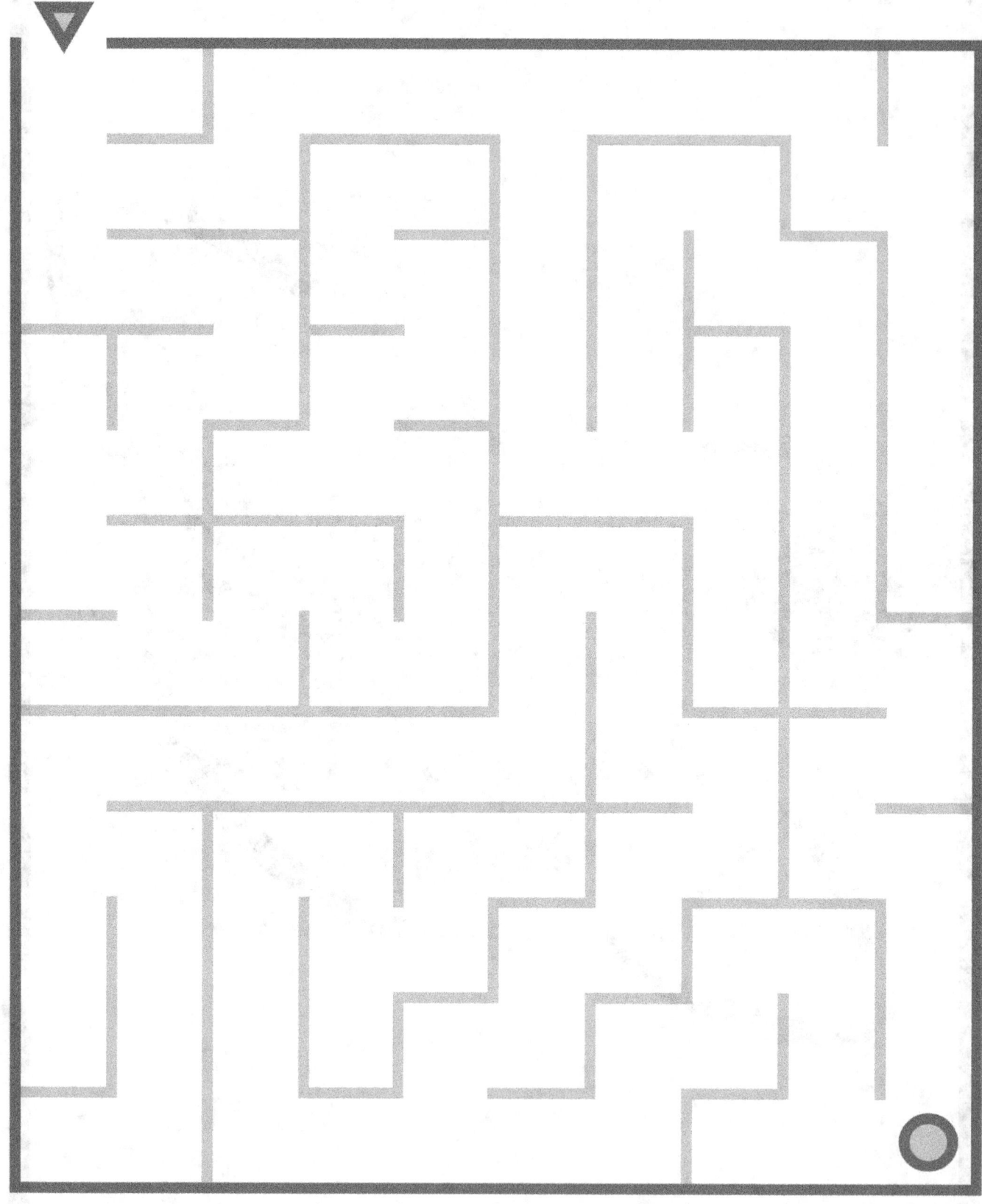

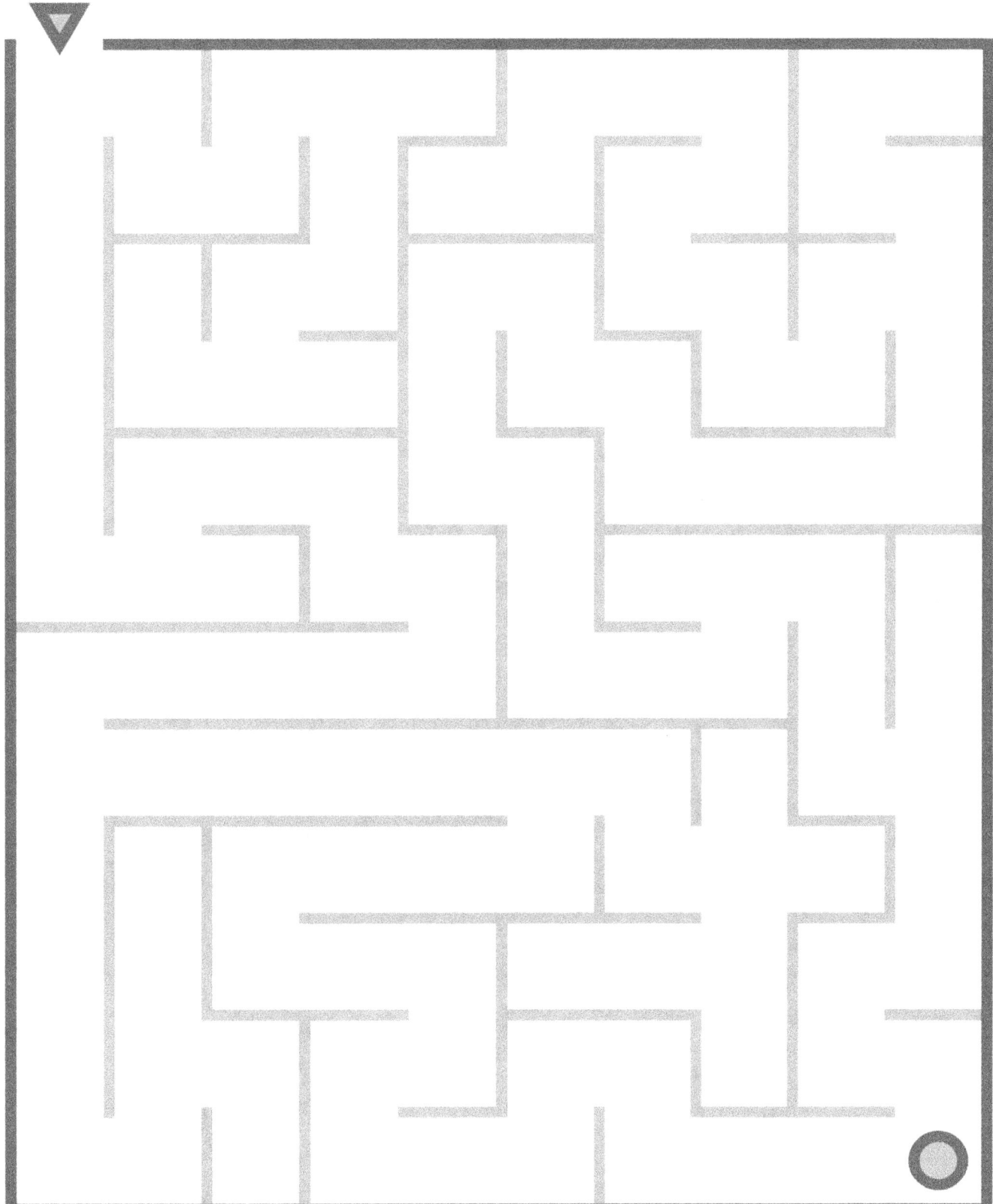

www.ingramcontent.com/pod-product-compliance
Lightning Source LLC
Chambersburg PA
CBHW080530220526

45465CB00006B/2654